DE NOS TRANSFORMATIONS

ses

L'AGRICULTURE

LES TRAVAUX PUBLICS A PARIS

ET L'ORGANISATION MILITAIRE

PAR J. L. GIRESSE

AVOCAT A LA COUR IMPÉRIALE DE BORDEAUX

PARIS

GUILLAUMIN & Cⁱᵉ, LIBRAIRES

14, RUE RICHELIEU, 14

1867

CONSIDÉRATIONS

SUR L'AGRICULTURE

QUELQUES CONSIDÉRATIONS

SUR

L'AGRICULTURE

LES TRAVAUX PUBLICS A PARIS

ET L'ORGANISATION MILITAIRE

PAR J. L. GIRESSE

AVOCAT A LA COUR IMPÉRIALE DE BORDEAUX

PARIS

GUILLAUMIN & Cie, LIBRAIRES

14, RUE RICHELIEU, 14

1867

CONSIDÉRATIONS

SUR L'AGRICULTURE

Depuis quelque temps, on parle des souffrances de l'agriculture; certains les contestent; ils prétendent que ces plaintes sont imaginaires, ou du moins très exagérées. L'agriculture est en voie de progrès, disent-ils, et si elle ne prospère pas aussi rapidement que la plupart des industries, il faut cependant reconnaître que son état n'a rien d'alarmant.

Pour ma part, je regrette de ne pas pouvoir partager cet optimisme; des faits malheureusement incontestables prouvent la misère profonde de la population rurale. Dans dix ou douze départements, on ne mange pas encore du pain de froment; chaque année, la consommation du blé y atteint à peine 50 litres par habitant. Dans la Creuse, la Lozère et la Haute-Loire, la consommation ne s'élève pas à 25 litres; elle est de 18 litres seulement dans le Cantal; c'est en moyenne, pour chaque habitant, un kilogramme de pain par mois; et il évident que cette consommation, déjà si restreinte, n'est pas également répartie sur chaque individu ; dans le Cantal, par exemple, la consommation est en moyenne de 18 litres par habitant, mais il est incontestable que le riche mange du pain de froment tous les jours, tandis que les neuf dixièmes de la population n'en mangent presque jamais.

Il est difficile de se faire une juste idée de la misère profonde qui règne dans certaines parties de la France ; il faut avoir vu ces contrées désolées où la terre ne fournit pas de quoi réparer les forces de celui qui la travaille. Il y a quelque temps, j'entendais un propriétaire se lamenter sur la condition déplorable de la population rurale : — il possède une terre dans le Sarladais ; quand il y va, il est obligé d'apporter une provision de pain pour lui et pour ses chiens. Les habitants du pays mangent un pain composé de seigle, de sarrazin, de châtaignes et de pommes de terre ; il est dur, noir et si mauvais, que les chiens nourris à la ville n'en veulent pas. Et, dans ces contrées, l'indigence est telle, que ce pain compose presque la seule nourriture des neuf dixièmes de la population ; on n'y connaît aucune viande de boucherie et on n'y boit que de l'eau.

Quand on parle des souffrances de l'agriculture et de la population des campagnes, ce n'est donc pas un vain mot ; elles sont réelles, elles sont navrantes (¹).

(¹) Il est aujourd'hui incontestable que la richesse publique s'est accrue en Europe, et principalement en France, d'une manière rapide et brillante. Dans quelle proportion avec la fortune des différents pays, nul ne le sait : on ne sait pas davantage dans quelle proportion les pro-

Le département de la Gironde est assurément un des
plus favorisés. Il est rare de trouver des terrains plus
fertiles que nos plaines de la Dordogne et de la Garonne;
les bois de pin et les résines ont enrichi le pays des
Landes, et nous avons des vins qui, par leurs qualités
incomparables, assurent au propriétaire d'énormes
profits; quant aux vins communs, on les produit à bon
marché, il est facile d'en obtenir un prix rémunéra-
teur. Enfin, la ville de Bordeaux offre à nos campagnes
un centre de consommation et d'exportation considérables; et si l'agriculture souffre dans le département de
la Gironde, elle doit souffrir beaucoup plus presque
partout ailleurs.

Je conviens qu'en ce moment, partout où l'on peut
cultiver la vigne, le propriétaire est assuré d'obtenir

fits se sont partagés entre les diverses classes de travailleurs. Ce qui
est certain, c'est que la population des grandes villes, et surtout des
villes manufacturières et commerciales, a profité, beaucoup plus que
celle des campagnes, du progrès général de la richesse. Nos villes s'em-
bellissent chaque jour de constructions nouvelles; les citoyens qui les
habitent jouissent de plus de douceurs qu'autrefois; la bourgeoisie y
est mieux logée, mieux vêtue, mieux nourrie. Les vieillards qui ont
pu observer l'aspect des populations urbaines, il y a un demi-siècle,
sont frappés du contraste qui règne entre leur physionomie actuelle et
la physionomie du temps passé. La banlieue de chaque grand foyer
industriel et commercial, du Havre, de Rouen, de Lille, de Mulhouse,
de Saint-Quentin, de Lyon, de Marseille, se couvre de faubourgs opu-
lents et de maisons de campagne délicieuses. Les villages seuls demeu-
rent immobiles et conservent, de génération en génération, leur aspect
de misère et de monotonie. On n'y voit que fumier et que malpropreté;
partout des murs en ruine, des demeures couvertes de chaume, des
enfants mal vêtus et plus mal élevés. A présent, si vous considérez que
les habitants de ces tristes réduits composent les deux tiers de la
population française, et consomment à peine le quart des produits de
nos manufactures, vous reconnaîtrez aisément qu'il reste beaucoup à
faire pour améliorer leur condition.... — BLANQUI.

un excellent revenu; mais il n'en est pas de même dans les terrains qu'on est obligé d'emblaver.

Dans ce département, partout où l'on cultive la terre en vue d'obtenir principalement du blé, on éprouve une triste déception. Il est impossible de déterminer rigoureusement le prix de revient d'un hectolitre de blé, car ce prix varie même dans les champs limitrophes, suivant l'intelligence et l'habileté du cultivateur; cependant, on peut établir une moyenne approximative : quand la culture est faite par des métayers, on peut estimer les frais de production du blé à 20 fr. l'hectolitre en moyenne, et à 25 fr. quand la culture est faite par des ouvriers salariés. Comme l'hectolitre se vend en moyenne 20 fr., quand la culture est faite par des métayers, les frais de production sont à peine couverts, et quand la culture est faite par des manouvriers, les salaires qu'on leur paie absorbent plus que la valeur des produits.

Il suffit d'un exemple pour comprendre qu'il n'y a point d'exagération dans ce calcul.

Une famille de métayers travaille à peu près 40 journaux de terre (environ 12 hectares); 32 journaux sont destinés à la production du blé, 8 sont en prairie. Les 8 journaux de prairie rendent en moyenne 150 à 200 quintaux de foin; ce foin sert à nourrir le bétail qui laboure la terre et donne l'engrais pour la fertiliser. Le foin est un débours indispensable à la production du blé, et ce débours est à la charge exclusive du propriétaire, car, pour constituer sa métairie, il est obligé d'annexer à sa terre labourable 7 à 8 journaux de prairie.

Une famille de métayers cultivant une propriété aussi agencée récolte environ 60 à 80 hectolitres de blé; déduction faite de la semence et autres prélèvements, il reste pour le propriétaire 25 à 30 hectolitres environ; à 20 fr. l'hectolitre, c'est un revenu de 5 à 600 fr.

Pour comprendre combien ce revenu est illusoire, supposons que le propriétaire laisse incultes ses 30 journaux de terres labourables; il aura le revenu des prairies qu'il annexait à sa terre emblavée, soit 200 quintaux de foin; à 4 fr. le quintal, en moyenne, cela fait 800 fr., et c'est un revenu net, car les frais de fauchage et de fanage sont couverts par le prix du regain.

Ainsi, avec le mode de culture en usage dans une partie du département, sur le plateau de l'Entre-deux-Mers, par exemple, le propriétaire a intérêt à laisser incultes toutes les terres qu'il emblave; le revenu des prairies qu'il faut nécessairement annexer aux terres labourables lui donne un profit supérieur.

S'il en est autrement dans les plaines de la Dordogne et de la Garonne, c'est que les terres y sont douées d'une fertilité exceptionnelle; elles reçoivent une quantité d'engrais considérable, et elles donnent chaque année une récolte au moins, très souvent deux; la jachère y est inconnue, et le produit des plantes industrielles s'ajoute au revenu des céréales.

Ainsi, dans la plus grande partie de ce département, la culture des céréales est désastreuse; les métayers vivent misérablement, et le propriétaire n'a pas de revenu. Le métayer, que rien n'attache au sol,

chèrche une position meilleure, et c'est naturel;
quand il n'a pas d'enfants en bas âge, il se place
comme domestique, et sa condition s'améliore; il est
logé, bien nourri, il gagne un fort salaire et il a beaucoup moins de souci, car toutes les chances de
mauvaise récolte pèsent sur le propriétaire. Celui-ci
n'ayant plus de métayers est obligé de faire cultiver
par des manouvriers; cette culture est plus onéreuse
et rapporte moins, car un ouvrier qui n'a pas d'intérêt
à l'abondance de la récolte travaille avec moins de
zèle que le métayer, dont le salaire consiste dans la
moitié de la récolte, bonne ou mauvaise, selon son
travail.

Aujourd'hui, le propriétaire qui n'aurait d'autres
sources de revenu que des terres à blé serait dans une
position précaire. Le mal est d'autant plus grand que
le nombre des ouvriers diminue chaque jour; le taux
des salaires augmente constamment, et la culture des
céréales sera bientôt impossible.

Le remède consiste à modifier les assolements et
les cultures. Partout où le terrain le permettra, on
substituera la vigne au blé, et si l'on ne veut pas
abandonner complètement la culture des céréales, on
pourra cultiver la vigne et le blé concurremment.
Puis, il faudra supprimer partout la jachère, et la
remplacer par des prairies artificielles, afin de nourrir
plus de bétail; par ce moyen, on obtiendra plus
d'engrais, et, par suite, on augmentera le rendement
des céréales.

Mais quelle que soit l'efficacité de ces mesures, on

ne saurait les considérer comme un remède absolu;
les maux que je viens de signaler sont graves, mais il
en est de plus funestes encore.

Une des principales causes des souffrances de l'a-
griculture, c'est la mauvaise répartition de l'impôt.
Les idées des physiocrates et leur trop fameuse
théorie du *produit net* déterminèrent l'Assemblée
constituante à concentrer les impôts sur la propriété
foncière, et nous éprouvons les tristes conséquences de
cette erreur fondamentale.

La terre supporte une part excessive des contributions, et par des centimes additionnels généraux, ordi-
naires, facultatifs, spéciaux, extraordinaires et commu-
naux, on a presque doublé l'impôt foncier; et si l'on
ajoute à cela les différentes taxes qui retombent indi-
rectement sur l'agriculture : 58 millions pour les droits
de fabrication du sucre indigène, 218 millions pour
les droits sur les boissons, 175 millions pour les droits
de mutation, puis les octrois, on arrive à constater que
l'agriculture est écrasée par les impôts.

Mais, dit-on, les impôts sont nécessaires; on ne
peut pas en supprimer un seul; ceux qui existent sont
à peine suffisants.

Soit; — mais il faudrait que chacun supportât les
charges de l'État proportionnellement à ses ressources
mobilières ou immobilières. Depuis longtemps, l'industrie profite des faveurs du Gouvernement : faveurs
directes par des subventions, faveurs indirectes par des
tarifs protecteurs; et par une injuste anomalie, on fait
supporter à la propriété foncière les encouragements

que l'on prodigue à l'industrie ; car le capital mobilier ne paie pas d'impôt, ou, s'il en paie, c'est peu de chose.

Il serait donc juste de frapper la propriété mobilière d'un impôt proportionnel à celui qui pèse sur la propriété foncière. Depuis cinquante ans, les valeurs mobilières se sont accrues dans des proportions tellement considérables, que des hommes compétents les estiment égales aux valeurs foncières, et elles donnent un revenu bien supérieur. Si elles supportaient un impôt proportionnel à l'impôt foncier, ce serait pour l'État un revenu d'environ 200 millions ; on pourrait alors supprimer divers impôts, absurdes dans leurs principes, désastreux dans leurs conséquences : les droits de mutation, par exemple, qui sont une charge si lourde pour l'agriculture ; et, de tous les impôts, c'est peut-être le plus injuste et le plus déraisonnable.

Quand un propriétaire vend sa terre, en général, c'est parce qu'il pense y trouver un avantage quelconque ; et celui qui se présente pour l'acheter espère, lui aussi, trouver quelque avantage dans cette acquisition. Ainsi, les mutations de propriétés sont, en général, l'occasion d'un profit pour les deux contractants ; elles deviennent une source de prospérité pour les particuliers ; et comme la prospérité générale résulte de la prospérité individuelle, l'État est intéressé à favoriser les mutations de propriété.

Cependant, il les entrave en les grevant de droits énormes. Les mutations immobilières sont devenues tellement onéreuses, qu'on ne consent à les faire qu'à la condition d'y trouver un immense profit.

Si les droits de mutation n'existaient pas, on verrait des agriculteurs acheter des terres pour les améliorer et les revendre; ils ne peuvent pas le faire aujourd'hui, car cette opération serait grevée d'un droit de 14 0/0, et c'est à peu près le bénéfice qu'on peut retirer des améliorations d'un domaine.

Si l'on conserve cet impôt, malgré ses funestes conséquences, pourquoi ne pas le faire porter sur les valeurs de toute sorte; car, enfin, si les valeurs immobilières sont grevées d'un droit de mutation, pourquoi les valeurs mobilières ne le seraient-elles pas également? — On me répondra que ce serait pousser à ses limites extrêmes l'absurdité du principe de cet impôt; que tout commerce deviendrait impossible. — C'est incontestable; mais, puisqu'on reconnaît l'absurdité de cet impôt, il faut le faire disparaître, et non pas en dégrever les valeurs mobilières pour le faire peser d'autant plus lourdement sur les valeurs immobilières.

Si les charges de l'État sont réparties sans proportion, s'il retombe sur la campagne une trop grande part de l'impôt, le mal est encore aggravé par l'inégale répartition des ressources du budget; on dépense dans les villes l'impôt qu'on prélève dans les campagnes.

Quand l'argent des contributions est reversé dans la société, il en résulte un bienfait pour le pays où on le consomme. Quand on dépense cet argent productivement, en constructions de routes, canaux, écoles publiques, l'avantage est évident. Quand l'impôt sert à payer des dépenses improductives, fêtes publiques ou de la cour, frais de représentation alloués aux fonctionnaires, c'est un encouragement pour certaines industries. On peut regretter que telle ou telle industrie soit encouragée au moyen de l'impôt; mais, l'impôt étant levé, le mal est fait, et les contrées où on le dépense en profitent.

Depuis quelques années, le budget de la France s'élève à 2 milliards, et tous les ans l'État dépense à Paris près d'un milliard.

Je ne puis citer que des chiffres qui remontent à quelques années, mais ils n'en sont pas moins très significatifs. En 1855, le département de la Seine figurait dans le total des paiements pour 877 millions; depuis 1855, la population de ce département a considérablement augmenté, les travaux publics y ont pris un développement excessif; aussi, je ne crois pas exagérer en disant qu'il se dépense à Paris, chaque année, presque la moitié du budget de la France, un milliard sur deux.

On peut dès lors juger la situation des départements. En 1855, on a dépensé 2 milliards 102 millions; le maximum de la dépense, dans chacun des départements, a été de 877 millions, et le minimum de 2 millions seulement; dans aucun département du centre, la dépense ne s'est élevée à 10 millions; — dans 28 départements du centre et du sud-ouest, c'est à dire le tiers de la France, les dépenses publiques se sont élevées, en 1855, à 210 millions : ce n'est pas le quart de ce qu'absorbe le seul département de la Seine.

Ces inégalités sont d'autant plus injustes que certains départements, les plus pauvres, ne reçoivent pas la moitié de ce qu'ils paient; tandis que, dans les plus riches, la dépense excède l'impôt qu'on y prélève.

De telles disproportions doivent amener la prospérité dans les contrées favorisées, et la ruine dans celles dont on sacrifie les intérêts.

Aussi, depuis 20 ans, la population de la France n'augmente presque plus; elle est stationnaire. Elle augmente dans les villes, à Paris surtout, mais elle diminue dans les campagnes. De 1851 à 1856, la population a diminué dans 54 départements, tandis qu'elle augmentait de 305,000 habitants dans le département de la Seine; de 1856 à 1861, la population a diminué encore dans 24 départements, et, pendant cette période, elle augmentait de 226,000 habitants dans le département de la Seine. Ce déplacement continue, car, de 1861 à 1866, la population a encore diminué dans 31 départements, tandis qu'elle a encore augmenté, dans le département de la Seine, de 197,296 habitants.

Et cependant, la plupart des ouvriers que les travaux de Paris enlèvent aux campagnes sont portés dans le recensement comme habitant la province; on suppose qu'ils n'ont quitté leur pays qu'avec esprit de retour. Par ce moyen, on dissimule ce qu'a d'effrayant la puissance d'absorption de Paris. On s'en fait rarement une juste idée; pour les ouvriers, par exemple, chaque année, au printemps, dans le département de la Creuse, 50,000 maçons ou charpentiers, la moitié des hommes valides, quittent le pays pour aller travailler à Paris. Faute de bras, on ne cultive pas la terre, ou bien on la cultive mal; aussi, cette contrée est-elle misérable; un tiers est inculte, et cependant le sol est fertile. Le Cantal et le Puy-de-Dôme ont aussi un grand nombre d'émigrants; beaucoup ne reviennent pas; l'attrait du pays natal ne peut balancer les avantages qu'ils trouvent à Paris; ils y vivent au centre le plus avancé de la civilisation moderne; ils y gagnent de forts salaires, et, dans le cas de chômage ou de maladie, l'Assistance publique leur vient en aide : le soulagement de la misère du peuple, à Paris, est une question d'État.

Assurément, je ne trouve point mauvais que l'on cherche partout à améliorer la condition des ouvriers; mais il vaudrait mieux faire en sorte qu'il y en eût moins à secourir. Ce qu'il y a de regrettable, c'est que l'organisation de Paris et son développement factice, en même temps qu'ils ruinent les campagnes, tendent sans cesse à augmenter le nombre des pauvres.

En ce moment, il existe à Paris plus de 100,000 indigents à la charge de l'Assistance publique, et les avantages qu'elle leur procure tendent à augmenter le nombre de ceux qui veulent y participer. Les indigents de Paris sont mieux nourris que les ouvriers de la province; ils vivent mieux que beaucoup de petits propriétaires dans les départements; et même, pour quelques-uns, l'utopie socialiste se trouve réalisée. Il y a, en effet, dans tel quartier de Paris, telle rue, où l'on n'a presque jamais à constater ni naissance, ni décès. Ceux qui l'habitent naissent à l'hospice de la Maternité et meurent à l'hôpital; et pour vivre, ils comptent sur l'Assistance publique.

Les secours que l'on accorde à ces indigents améliorent leur position, mais malheureusement ne les obligent pas à en sortir; au contraire, ils éteignent en eux tout sentiment de dignité et de responsabilité individuelle. Ces pauvres s'habituent à compter perpétuellement sur l'Assistance publique, et alors l'indigence devient presque une profession; dans certaines familles, elle est héréditaire. « On voit aujourd'hui inscrits sur les contrôles de l'Administration, dit M. de Watteville, les petits-fils des indigents admis aux secours publics en 1802, alors que le fils avait été, en 1830, porté également sur ces tables fatales. »

Une multitude d'ouvriers, attirés par l'impulsion que l'on donne aux travaux publics, vit à Paris, sans foyer et sans autre ressource que le produit de son travail, toujours incertain; elle accroît le nombre des indigents dans des proportions considérables, et le paupérisme prend une extension qui devient chaque jour plus inquiétante pour la ville de Paris.

Depuis quelques années, le Gouvernement favorise le développement de cette immense agglomération. Si l'on veut faire de Paris la plus magnifique ville du monde, le but sera atteint : la ville est transformée ; des embellissements gigantesques, des plaisirs de toute nature y attirent les étrangers; c'est là que se concentrent le luxe le plus extravagant et les dépenses les plus folles, et chaque année on y consomme la moitié du budget de la France.

Mais, déjà, ce prodigieux et continuel accroissement de Paris inspire au Gouvernement de sérieuses préoc-

cupations. Cet agrandissement n'est pas naturel; il résulte d'une centralisation excessive et de la manière dont l'État dépense les ressources du budget.

Pour fournir à la consommation de 50,000 employés et de leur famille que la centralisation fixe dans la capitale, et pour exécuter rapidement les travaux d'embellissement qui sont entrepris, il a fallu amener à Paris un nombre considérable d'ouvriers; il y en a près de 500,000.

Ceux qui sont occupés aux travaux publics et au bâtiment, ou qui relèvent de ces industries, ne peuvent espérer de l'emploi qu'autant que la ville pourra donner à ses travaux d'embellissement une extension sans limites; et si, par malheur, les caisses publiques s'épuisent et restent vides, — combien d'ouvriers sans travail et sans pain! Pour se dégager de cet embarras formidable, on sera forcé de les renvoyer en province; cette exécution sera périlleuse, et si le danger n'est pas habilement conjuré, je crains pour Paris une explosion foudroyante.

En 1867, les dépenses de Paris s'élèvent à 241 millions; et, pour obtenir des recettes en proportion de ces énormes dépenses, il faut prélever à l'octroi 100 millions, et on est obligé de faire supporter à des produits alimentaires de première nécessité des taxes de plus de cent pour cent.

Il en résulte une hausse générale dans le prix des denrées et dans le taux des salaires. L'ouvrier gagne un prix élevé, mais cela lui suffit à peine; du reste, sans cesse exposé aux fascinations du luxe et de la

richesse, il dépense son salaire en entier; le moindre
revers le trouve sans ressources et le classe parmi les
indigents; — à la première occasion, on le rencontre
parmi les mécontents.

Ainsi, la plupart des ouvriers n'ayant d'autre moyen
d'existence que le produit de leur travail, quelques
jours de chômage mettent leur famille dans un affreux
dénûment. Il faut donc que le travail leur soit assuré,
sinon le Gouvernement doit redouter des soulèvements qui mettront son existence en péril; et par
suite de l'accroissement anormal de Paris, ces soulèvements deviennent chaque jour de plus en plus
imminents, de plus en plus redoutables.

Le Gouvernement ne l'ignore point.

Déjà, en 1854, on a dû s'imposer de lourds sacrifices
pour prévenir les murmures de la population ouvrière.
C'était une année de disette, le pain était cher; la ville
de Paris a fait une concession à ses habitants; on a
vendu le pain au dessous des mercuriales, et le déficit
s'est élevé à 52 millions. — On disait que cette concession était faite dans un but d'humanité; que ce ne
serait point une perte pour la ville; que, pour obtenir
une compensation, on taxerait le pain au dessus des
mercuriales dans les années d'abondance. La baisse
est arrivée, mais on n'a pas osé faire ce qu'on avait
promis, et la ville de Paris a perdu 52 millions. —
Pareille chose se produira peut-être encore cette année.

Ainsi, pour maintenir l'ordre public, il faut boule-
verser toutes les lois économiques, et le peuple de
Paris descend au niveau de la populace romaine que

. le pouvoir impérial était obligé de nourrir, sous peine de voir sa sécurité compromise.

Je sais bien qu'aujourd'hui les soulèvements populaires sont moins à craindre qu'ils ne l'étaient autrefois à Rome. Paris est environné de forts garnis de troupes; le centre est parsemé de casernes immenses; des voies larges et droites rayonnent dans tous les sens, et, au premier signal, 100,000 soldats seront prêts à faire rentrer Paris dans le calme. C'est un avantage, incontestablement; néanmoins, même en admettant que la fidélité des soldats soit inébranlable et que leur intervention puisse toujours être efficace, des considérations de prudence et d'économie exigent que le Gouvernement soit à l'abri d'une insurrection, et qu'il n'ait pas besoin d'être constamment gardé par une armée de 100,000 hommes.

L'entretien de nos troupes est très onéreux. On est effrayé quand on calcule les énormes dépenses qu'entraîne l'armée. Il faut d'abord compter la perte du travail de 400,000 hommes, perte d'autant plus grande, qu'ils sont tous jeunes et choisis parmi les mieux constitués; puis les frais de leur entretien et de leur nourriture; enfin, le matériel de guerre et l'intérêt des capitaux absorbés par les établissements militaires.

Depuis longtemps, nous avons notre armée sur le pied de guerre, même en temps de paix; cette paix armée inquiète l'Europe, et rend la guerre plus fréquente; le moindre prétexte suffit pour la faire naître, et alors on a recours aux emprunts, et ce sont de nouvelles charges. C'est par suite de la guerre que la

France est grevée d'une dette d'environ 12 milliards exigeant 500 millions d'intérêts annuels. Les dépenses militaires et les intérêts de la dette absorbent plus de la moitié du budget. Il en est partout de même, en Europe; aussi, dans notre société moderne, l'organisation militaire est un des grands obstacles au progrès.

C'est aussi une des principales causes des souffrances de l'agriculture.

Chaque année, 100,000 hommes sont appelés sous les drapeaux; c'est l'élite de la population des campagnes qui abandonne les champs, pour n'y revenir peut-être jamais.

Les effets de la conscription sont d'autant plus funestes aux campagnes, que l'exonération est une charge très lourde pour les pauvres. Le prix est égal quelle que soit la fortune, et ce n'est pas juste. L'organisation militaire importe à la sécurité générale, et puisqu'il est admis que le service militaire n'est pas personnellement obligatoire, il faut qu'il soit réparti proportionnellement à la fortune dés contribuables, car chacun doit supporter les charges de l'État dans la proportion de ses ressources.

Sous ce rapport, la position du pauvre cultivateur est vraiment déplorable. Il est obligé de s'imposer les plus dures privations pour élever sa famille, et quand ses enfants ont grandi, quand ils sont à même de l'aider dans ses travaux, la conscription les lui enlève; s'il veut les exonérer, il lui faut emprunter à gros intérêts; c'est bien souvent la cause de sa ruine.

Sous tous les rapports, nos institutions militaires

sont donc une source de misère, et combien n'est-il pas regrettable qu'elles ne nous inspirent pas l'aversion qu'elles méritent!

On comprend que ceux qui trouvent dans la guerre la satisfaction de leurs intérêts ou de leurs passions, la considèrent encore comme légitime ou nécessaire; mais il est étrange que le peuple partage ce préjugé, dont il est victime sans en avoir de profit.

A l'origine, la guerre avait pour but le pillage et le butin, et elle était considérée par les peuples et par les rois comme une profession légitime, qui permettait de vivre dans une glorieuse oisiveté. Les Romains élevèrent un temple à Jupiter-Pillard, et on s'explique cette barbare dévotion, car petits et grands trouvaient dans la conquête des ressources qu'ils n'avaient pas le courage de demander au commerce et à l'industrie.

Mais à mesure que les peuples se sont civilisés, ils ont compris que chacun devait pourvoir à son existence par son travail, et ils ont cessé de se ruer les uns sur les autres dans le but de s'enrichir par le pillage. Depuis lors, la guerre n'a eu le plus souvent pour prétexte que l'ambition des rois, un sot orgueil ou de misérables rancunes.

Si la guerre n'avait lieu que pour maintenir l'indépendance nationale, chacun se ferait un devoir de contribuer personnellement au service militaire; mais comme elle n'a le plus souvent de motif que le bon plaisir du souverain, le riche se libère à prix d'argent, et le fardeau retombe en entier sur le prolétaire.

Cependant, le peuple se passionne pour les succès

militaires; quelque injuste, quelque honteux, quelque tyrannique que soit le motif d'une guerre, on acclame le vainqueur; — cet enthousiasme nous montre combien notre faible raison peut s'égarer sous l'empire des préjugés.

Pour se relever de cette déchéance morale, les peuples n'ont d'autre ressource que l'instruction. Il faut qu'ils apprennent que la guerre, quand elle n'est pas motivée par l'indépendance nationale, est en opposition avec toutes les notions de justice et de moralité, et que ce triste legs de l'antique barbarie n'a conservé quelque prestige que par l'usage qu'en font les ambitieux et les despotes, asservissant les peuples en les faisant se ruiner et se déchirer les uns les autres; et il viendra un jour où la guerre, considérée comme l'assassinat, n'aura d'excuse que dans le cas de légitime défense; et alors, les nations ne chercheront plus à exercer d'influence les unes sur les autres que par les services qu'elles pourront se rendre en échangeant leurs idées et leurs produits, et toute guerre de conquête deviendra un sujet de honte et d'opprobre pour le peuple qui s'en sera souillé.

Aujourd'hui déjà, la guerre n'est plus dans nos mœurs, et si de tous côtés elle paraît imminente, c'est qu'on ne laisse pas aux peuples la faculté de disposer de leurs deniers et de leur sang.

Le service militaire n'étant pas personnellement imposé aux classes riches et éclairées, ceux qui seraient à même de s'élever contre la folie de nos entreprises belliqueuses et de protester contre ces horribles et inutiles tueries, n'ont que peu d'intérêt à le faire; tandis que les malheureux, qui sont massacrés par milliers, sont dans l'impossibilité de manifester utilement leur volonté; du reste, la plupart, ignorants et aveuglés par ce qu'ils appellent le sentiment de l'honneur, ne distinguent pas le dévouement saint et sacré que commande la patrie menacée, d'avec le sot chauvinisme qui les enthousiasme à tout propos, sans qu'ils sachent ce dont il s'agit, et les fait combattre avec frénésie, même pour soutenir les aggressions les plus injustes.

Pour inspirer aux peuples une saine horreur de la guerre, il faut que l'instruction se répande et leur permette de discerner leurs véritables intérêts. Il faut aussi que le service militaire devienne personnellement obligatoire pour tous, et cette dernière condition est indispensable à d'autres points de vue. Nos grandes armées permanentes nous épuisent d'hommes et d'argent, et leur insuffisance devient chaque jour manifeste; avec nos puissants engins destructeurs, avec nos rapides moyens de locomotion, il faut, pour qu'un pays soit assuré de son indépendance, qu'il puisse armer au besoin tous ses hommes valides.

Si dans nos écoles primaires, on apprenait la gymnastique et le maniement des armes, et de plus, dans les écoles secondaires, les éléments de la science militaire, on pourrait organiser des milices communales chargées de maintenir l'ordre à l'intérieur, et les troupes régulières ne seraient nécessaires que pour garnir les forts et surveiller les frontières.

A cet effet, 150,000 hommes seraient plus que suffisants ; on n'aurait besoin de rendre le service militaire obligatoire pour tous les citoyens que pendant un an et demi ; puis, chaque soldat rentrerait dans ses foyers, et serait incorporé dans les milices communales, qui se réuniraient périodiquement, et qu'on exercerait de manière à pouvoir les mettre au besoin sur le pied de guerre.

Si l'indépendance nationale était menacée, la France trouverait dans cette organisation militaire une puissance formidable, et toute guerre de conquête, toute expédition aventureuse, deviendrait presque impossible ; enfin, on pourrait laisser dans les campagnes les travailleurs qui ne demandent pas à en sortir, — du moins pour être soldats.

Mais d'abord, il faudrait réduire l'effectif de notre armée active, et je ne crois pas qu'on puisse le faire ; du moins, la réduction ne saurait être considérable, tant qu'on aura besoin de 100,000 hommes autour de Paris. Tant que le Gouvernement sera exposé aux insurrections du peuple, tant qu'il sera obligé de s'entourer d'une force militaire capable de les réprimer, une réforme sérieuse ne peut avoir lieu : elle serait imprudente.

Sur ce point, nous sommes instruits par l'expérience, et malheureusement nous n'avons que trop d'exemples mémorables.

Déjà, dès les premiers jours du règne de Louis XIV, la redoutable influence de Paris commençait à se faire sentir. Pendant sa minorité, le jeune monarque a dû prendre deux fois le chemin de l'exil, et s'il a pu rentrer dans sa capitale, c'est qu'alors la centralisation n'existait pas comme aujourd'hui; et puis le soulèvement du peuple était dirigé par la noblesse ou le Parlement, c'est à dire par des privilégiés qui le comprimaient dès qu'ils avaient atteint leur but.

Louis XIV fut instruit par ses malheurs; pour en prévenir le retour, il fixa la résidence royale à Versailles; mais Versailles n'était pas à 20 kilomètres de Paris : un jour, le peuple s'y rendit à pied, et le lendemain il en ramenait triomphalement le malheureux Louis XVI. Plus tard, en 1830 et en 1848, nous avons eu un exemple analogue; il a suffi de l'insurrection du peuple pour renverser en quelques heures deux monarchies.

Et ce n'est pas seulement aux gouvernements monarchiques que les insurrections sont fatales. On connaît le rôle que joua la commune de Paris dans la révolution de 1789; et si, en 1848, la république a eu si peu de durée, l'insurrection du 15 mai et les journées de juin en sont la principale cause.

Ces insurrections sont d'autant plus dangereuses que le moindre incident peut leur donner naissance, et qu'il est souvent impossible d'en arrêter le cours. Aussi, dans un état comme la France, où les principes libéraux et démocratiques sont en opposition avec de vieilles institutions et d'anciennes mœurs, le Gouvernement ne pourra faire une large part à la liberté individuelle, qu'autant qu'il sera à l'abri des grandes agitations populaires.

A ce sujet, les Américains de l'Union nous donnent un exemple qu'il serait bon d'imiter. Ils ont compris que, dans une grande ville, leurs gouvernements, dépourvus de troupes régulières, auraient sans cesse à redouter des émeutes qu'ils ne seraient pas en état de réprimer. Les villes-de New-York et de Washington ont été isolées; on n'a laissé autour d'elles qu'un territoire restreint, et chaque État a choisi pour capitale une ville de second ordre.

Dans la Pensylvanie, le Gouvernement ne réside plus à Philadelphie, peuplée de 560,000 habitants; on l'a transporté dans la ville d'Harrisbourg, qui n'en a que 8,000. La capitale du Maryland est Annapolis, petite ville de 4,000 habitants, tandis que Baltimore en a près de 250,000. Dans la Louisiane, le siége du Gouvernement est à Baton-Rouge, peuplée de 4,000 habitants, tandis que la Nouvelle-Orléans en compte plus de 160,000. Il en est de même dans tous les États : Brooklyn, Cincinnati, Chicago, Saint-Louis, Buffalo, Newark, Charleston, sont de grandes villes manufacturières et commerçantes; mais le Gouvernement s'en éloigne; il choisit pour résidence une petite ville où l'émeute n'est pas à craindre.

Aussi, les États-Unis jouissent paisiblement d'une liberté que l'Europe leur envie.

En France, depuis 1789, il y a deux causes qui amènent de fréquentes perturbations : la transformation sociale qui s'opère, et les divisions politiques; et tant que le siége du Gouvernement ne sera pas transféré loin de Paris, les libertés et les réformes les plus désirables pourront être fatales au repos de la France. — Qu'on suive l'exemple des États-Unis, qu'on choisisse pour capitale une ville de second ordre, et nous n'aurons pas besoin de maintenir en temps de paix des armements ruineux; nous pourrons jouir sans danger de la liberté absolue de la presse, du droit de réunion, etc.

Ce projet soulève bien des objections; mais quelques difficultés qu'il présente, il faudra les surmonter; tôt ou tard le Gouvernement sera forcé de quitter Paris pour échapper aux révolutions; — heureux s'il n'est pas victime du danger qu'il n'aura pas su conjurer.

Le Gouvernement loin de Paris, ce sera pour la France une source de prospérité; on n'aura plus besoin de 100,000 hommes pour assurer la tranquillité dans la capitale, et d'une immense armée pour étouffer la guerre civile dans le cas où l'insurrection, triomphante dans Paris, voudrait profiter du régime de centralisation pour imposer un gouvernement à la France.

Alors on pourra réduire considérablement l'effectif de l'armée active. 100 ou 150,000 hommes seront plus que suffisants pour garder nos frontières; et à l'intérieur, l'ordre sera maintenu par les milices communales, qu'il sera facile de mettre au besoin sur pied de guerre.

Par ces réformes, l'État pourrait laisser chaque année, dans les campagnes, 60,000 hommes; il réaliserait de grandes économies; il pourrait entreprendre le perfectionnement des voies de communication, la

construction des canaux de desséchement et d'irrigation, le gazonnement et le reboisement des monta-
gnes; enfin, tous les travaux d'utilité générale que
les particuliers ne peuvent pas exécuter; — ou bien,
laissant l'initiative aux autorités locales, l'État ferait,
sur le produit de l'impôt, une allocation plus large aux
communes et aux départements. Ce serait pour l'agriculture et pour la France entière une ère de progrès.

Ainsi, les conditions essentielles à la prospérité de
l'agriculture consistent dans la réduction de l'armée,
dans la réformation de la perception et de la dépense
de l'impôt.

Toutefois, même après avoir obtenu ces réformes,
nous aurons encore à réaliser une amélioration capitale : je veux parler de l'instruction professionnelle.

On a cru longtemps que l'enseignement agricole
était superflu, et que la pratique suffisait pour appren-
dre les connaissances nécessaires au travail de la terre ;
on pensait que le cultivateur devait effectuer son travail machinalement; aussi, l'agriculture française a
été longtemps maintenue stationnaire par une routine
aveugle et par d'absurdes préjugés.

La terre étant mal cultivée, les produits n'étaient
pas rémunérateurs; les ouvriers se sont trouvés dans
une position misérable, ils ont déserté les champs, et
le travail agricole semble rester le lot des hommes
dépourvus d'intelligence. Les bons ouvriers vont chercher dans les villes un salaire plus élevé et les satis-
factions intellectuelles qu'ils pensent y trouver dans
les occupations industrielles. L'agriculture est délais-

sée; nous avons en France neuf millions d'hectares de terres incultes : c'est l'étendue de quinze départements; et parmi les champs cultivés, les trois quarts sont mal travaillés et mal fumés.

Cependant, à côté de nous, l'Angleterre transforme un sol naturellement ingrat; et, malgré son climat, elle parvient à faire des merveilles de production. L'agriculture anglaise a sur nous de grands avantages; un des principaux consiste en ce qu'elle tire un merveilleux parti de son terrain et de son climat, et, sous ce rapport, les cultivateurs français sont encore bien arriérés. On ne fera de progrès qu'en répandant largement l'instruction agricole, et pour obtenir un bon résultat, il faudrait organiser cet enseignement à deux degrés.

Qu'on ne s'effraie pas des charges que cela va créer pour le budget, elles seront nulles ou à peu près; et, si le Gouvernement ne subventionnait pas les établissements d'instruction publique, nous ne demanderions pas son intervention; des institutions agricoles se formeraient et se soutiendraient par leurs propres forces.

Pour organiser l'enseignement agricole, il faudrait d'abord former des instituteurs. Dans chaque département, on annexerait à l'école normale une ferme, que les jeunes élèves cultiveraient eux-mêmes avec l'aide de quelques manouvriers, et des professeurs spéciaux feraient des cours de théorie en rapport avec la pratique.

La location de la ferme et les frais d'installation

ne seraient pas une charge bien onéreuse, car on obtiendrait, par une culture intelligente et raisonnée, des produits rémunérateurs. Les frais de culture seraient d'autant moins coûteux qu'une partie du travail serait faite par les élèves, et je crois qu'on arriverait, non seulement à couvrir les débours, mais à réaliser des bénéfices, qui permettraient de créer une caisse de secours pour les instituteurs.

Tous les ans, il sortirait de l'École normale des instituteurs connaissant en théorie et en pratique l'agriculture, l'arboriculture, l'horticulture, et capables de propager ces connaissances.

Dans chaque commune, le Conseil municipal annexerait à la maison d'école quelques ares de terre, 50 environ; le prix de location serait peu de chose; la valeur des produits le couvrirait. Ce terrain serait comme une petite ferme où l'instituteur enseignerait aux enfants ce qu'il aurait appris à l'école normale.

On formerait ainsi des manouvriers intelligents. Instruits des principes généraux qui servent de base à l'agriculture, ils connaîtraient le but de chacune de leurs opérations; ils sauraient en apprécier la valeur, et ils travailleraient avec d'autant plus de zèle et de goût; il en résulterait pour eux une satisfaction intellectuelle, qui leur inspirerait l'amour des champs et les empêcherait d'émigrer dans les villes.

Mais il ne suffit pas d'avoir de bons manouvriers, il faut encore que les propriétaires appelés à les diriger ne soient pas au-dessous de leur rôle.

Aujourd'hui, les enfants riches reçoivent l'instruction classique secondaire; ils apprennent le grec, le latin et beaucoup de choses qui ne leur sont pas d'un grand profit. Cette instruction est si peu en rapport avec leurs besoins, qu'au sortir du collége les trois quarts oublient ce qu'ils y ont appris, les uns par nécessité, les autres par indifférence ou par dégoût.

Ceux qui reviennent à la campagne pour diriger l'exploitation de leurs terres sont ignorants en agriculture, et ils se trouvent en présence d'ouvriers qui n'en savent pas plus qu'eux. On s'explique ainsi le peu de progrès de l'agriculture et l'influence qu'exercent dans les campagnes la routine et les préjugés.

Pour remédier à ces inconvénients, il faudrait créer dans chaque département une institution agricole secondaire; la durée des cours serait de deux ou trois ans. On y enseignerait, outre l'agriculture, toutes les sciences qui, de nos jours, constituent une instruction complète : les mathématiques, la physique, la chimie, etc. A cette institution, on annexerait un domaine cultivé par des ouvriers dont les élèves suivraient ou dirigeraient l'exploitation; et dans quelque temps, il y aurait dans nos campagnes d'excellents agriculteurs.

En Angleterre, en Allemagne, en Belgique, et même dans le nord de la France, on a fait l'expérience de bien des réformes agricoles; les mauvaises terres sont cultivées avec profit, et dans les meilleures on obtient des résultats merveilleux. Si dans le centre et le midi de la France, on suivait les mêmes principes, les produits seraient plus que doublés. Pour y parvenir, es institutions agricoles secondaires sont indispensables, car il faut d'excellents agriculteurs, capables d'améliorer nos pratiques actuelles, de changer les cultures suivant l'exigence du terrain, de modifier les assolements et les rotations, et de pratiquer avec succès l'irrigation et le drainage.

La marne et la chaux sont appelées à transformer les départements du centre et quelques-uns de ceux du midi, et quand les voies de communication permettront de les transporter à bon marché, on récoltera du froment dans les terres qui ne produisent que du seigle ou de la bruyère; mais ces amendements doivent être employés avec discernement, et pour agir avec discernement, la science agricole est nécessaire.

Si elle est enseignée dans des institutions secondaires, elle n'aura pas seulement pour résultat des progrès scientifiques et des perfectionnements de culture; elle attirera les capitaux dans les exploitations rurales en inspirant aux classes riches l'amour de la campagne, et, sous ce rapport, je considère les institutions agricoles comme le remède le plus efficace contre l'*absentéisme*.

Ce n'est pas seulement le peuple qui émigre des champs dans les villes : l'émigration des riches est plus inquiétante et plus funeste. J'avoue qu'avec l'éducation que l'on reçoit habituellement, la vie rurale n'offre guère d'attraits; on ne possède aucune notion d'agriculture, et on a en perspective une oisiveté effrayante. Aussi, quand un jeune homme sort du collége, s'il est riche, au lieu de revenir à la campagne, il s'engage dans une carrière libérale pour échapper au désœuvrement; et alors son intelligence et ses capitaux sont perdus pour l'agriculture; ses terres sont négligées, et la ville absorbe le peu de revenu qu'elles produisent.

En Angleterre et en Allemagne, la science agricole est bien plus en honneur que parmi nous. En Allemagne, toutes les Universités ont une chaire d'économie rurale, et quant aux Anglais, ils ont pour la campagne une prédilection particulière. C'est là que tous veulent vivre; le landlord ne reste à Londres que peu de temps, et par nécessité; le plus souvent, il n'y a qu'un pied-à-terre pour y passer le temps que dure la session du Parlement; sa résidence est à la campagne. Quant aux commerçants et aux industriels, dès qu'ils ont fait leur fortune, ils achètent une terre; en Angleterre, c'est le but de quiconque travaille, et cet amour de la vie rurale est le principe de la richesse agricole.

Nos mœurs sont bien différentes; en général, parmi nous, l'agriculture semble dévolue à quiconque n'a pas l'intelligence de faire autre chose; je ne parle pas des riches oisifs qui s'en occupent par distraction; il est à désirer qu'ils soient plus nombreux, et surtout plus instruits en matière agricole.

Il faut espérer que l'établissement des chemins de fer, le perfectionnement des voies de communication, en même temps que les difficultés toujours croissantes de la subsistance dans les grandes villes, ramèneront dans les campagnes les populations riches qui les désertent.

Cependant, alors même que nous aurions pour la vie rurale le même goût que les Anglais, leur agriculture l'emportera longtemps sur la nôtre, car ils ont une cause de prospérité qui nous manquera peut-être toujours : ce sont les débouchés.

En Angleterre, les trois quarts de la population s'occupent de travaux industriels ; les ouvriers gagnent de forts salaires, on évalue la moyenne à 3 francs par jour, quelques-uns gagnent de 5 à 10 francs ; le total s'élève à près de trois milliards. Comme la nourriture et le vêtement sont les premiers besoins de l'ouvrier, cette somme énorme se dépense presque toute en denrées agricoles. Les villes demandent ainsi aux campagnes une immense quantité de produits, et c'est pour l'agriculture anglaise un puissant encouragement.

Il n'en est pas de même en France. Les départements industriels du Nord et ceux qui avoisinent Paris, peuvent seuls compter sur un débouché, et l'agriculture y prospère bien plus que dans le centre et le midi de la France. Dans quelques parties de ces régions, les voies de communication sont en si mauvais état, que le cultivateur ne trouve pas à vendre ses produits, et comme il ne fait argent de rien, il ne peut rien acheter ; aussi, quelle que soit la nature de son terrain, il est obligé d'en tirer tout ce qui lui est nécessaire, et souvent il ensemence des terres où d'autres cultures pourraient seules donner du profit.

L'agriculture française n'aura jamais à nourrir des populations industrielles, comme celles de Londres, Liverpool, Glascow, Manchester, Birmingham ; néanmoins, elle peut compter sur de grandes améliorations. Quand on facilitera l'échange des produits à l'intérieur en perfectionnant les voies de communication, en supprimant les droits de circulation, d'octroi et de consommation; quand on facilitera les échanges à l'extérieur en stipulant dans les traités de commerce la diminution des droits sur les produits agricoles, l'accroissement des débouchés exercera bientôt son influence sur l'agriculture française.

Il y a encore bien d'autres questions qui préoccupent les agriculteurs; je n'examinerai que les principales, celles qui offrent le plus d'intérêt.

La désertion de la campagne par les ouvriers, l'augmentation du taux des salaires, le morcellement de la propriété, tels sont les sujets de plaintes que nous entendons chaque jour.

Le nombre des ouvriers agricoles diminue, c'est incontestable; mais quelle en est la cause? N'est-ce pas la misère et l'excès de population rurale?

En Angleterre, le rapport du nombre des agriculteurs à la population totale est de 22 0/0; en France, il est de 60 0/0. En Angleterre, 7 millions d'agriculteurs sont obligés de nourrir 28 millions d'habitants; en France, 21 millions n'en ont que 36 millions à nourrir. Dès lors, l'agriculture française a beaucoup moins de denrées à produire, les ouvriers ont beaucoup moins de travail, et le manque d'occupation les chasse dans les villes.

Je conviens que parfois il est rare de trouver autant d'ouvriers qu'il en faudrait; à certains moments, pour faucher, pour moissonner et pour vendanger, tous les agriculteurs prendraient beaucoup plus d'ouvriers qu'en temps ordinaire; mais ils les garderaient pendant quinze jours seulement, et il faut considérer que les ouvriers ne peuvent pas rester à la campagne pour attendre les grandes saisons de travail; il leur faut gagner du pain pour chaque jour.

A part les environs des grandes villes, où la production agricole n'est pas dans des conditions normales, je crois, qu'à la campagne, il est rare de ne pas trouver des ouvriers quand on peut leur payer un salaire suffisant et leur assurer du travail pour toute l'année. D'ailleurs, nous avons beaucoup d'émigrants qui s'expatrient, parce qu'ils ne trouvent pas à vivre sur le sol français. Ce sont des ouvriers agricoles très laborieux; habitués à se contenter de peu, ils n'exigeront pas un fort salaire. Les départements des Basses-Pyrénées, de la Haute-Saône et du Bas-Rhin en enverront chaque année par milliers, partout où les agriculteurs pourront leur assurer du travail et un salaire équitable.

On se plaint aussi de l'augmentation des salaires. Ces plaintes ne me paraissent pas fondées, et je les crois superflues. Il ne faut pas considérer comme type des salaires celui que l'on paie aux abords des grandes villes; et si l'on prend une moyenne, on arrive à reconnaître que, non seulement ils ne sont pas trop élevés, mais qu'il faut s'attendre à ce qu'ils le soient davantage; le salaire rural tendra constamment à se mettre en rapport avec le salaire industriel.

Cependant, déjà, les propriétaires se plaignent que la

culture devient ruineuse; ils ne sont pas à même, disent-ils, de supporter l'augmentation des salaires.

Quelque funestes que soient, pour eux, les conséquences de cette augmentation, il faudra qu'ils se résignent. Il faudra chercher dans les améliorations agricoles le moyen de supporter cette crise, et je crois que, par une culture mieux entendue, plus intensive, nous pourrons obtenir plus de produit dans les mêmes exploitations, et partant plus de bénéfices. Les Anglais nous servent d'exemple; ils emploient beaucoup moins d'ouvriers pour obtenir la même quantité de produits.

On me dira, sans doute, qu'il est impossible de cultiver en France comme en Angleterre; nos propriétés sont trop morcelées, elles ne permettent pas l'emploi des machines. A cet égard, il ne faut rien exagérer; en Angleterre, les fermes ne sont pas toutes très étendues; dans les districts manufacturiers, elles sont de dix à douze hectares en général; dans le comté de Chester, on en trouve beaucoup au dessous de quatre hectares. En France, il y a beaucoup de propriétés plus étendues; il est vrai que souvent les fermes consistent en parcelles séparées, et qu'il en résulte une grande perte de temps et des difficultés dans l'exploitation. Il suffirait de modifier la jurisprudence en matière de partage et de favoriser les échanges, afin d'agglomérer les parcelles, et on arriverait à constituer des fermes qui permettraient l'emploi des machines.

On s'est souvent demandé si les grandes exploitations n'avaient pas des avantages supérieurs à ceux des petites cultures; c'est une question complexe; pour la résoudre, il faut faire des distinctions. « Je connais des parties de notre pays, dit M. de Lavergne, où la petite culture est un fléau; j'en connais d'autres où c'est un bien inestimable que la grande ne saurait jamais suppléer. »

La grande propriété permet l'emploi des machines, attire les capitaux, et se prête à l'application des grandes innovations agricoles; mais l'ouvrier travaille avec peu de zèle, parce qu'il n'est pas intéressé au succès de l'entreprise.

Ce qui constitue le principal avantage de la petite culture, c'est l'activité passionnée qu'elle inspire au propriétaire. De petits cultivateurs achètent à gros deniers un sol quelquefois ingrat, et ils n'en obtiennent un revenu que par un labeur pénible et incessant; mais ils ne se découragent point; ils sont encore tels que nous les représentait La Bruyère, « attachés à la terre qu'ils fouillent et qu'ils remuent avec une opiniâtreté invincible. » Parfois, les résultats qu'ils obtiennent sont prodigieux; et dans une terre de même étendue, les produits de la petite culture sont supérieurs à ceux des grandes exploitations.

Au point de vue économique, comme par des considérations morales et politiques, nous ne pouvons qu'encourager la division du sol; il est cependant un point qu'il ne faudrait pas dépasser, c'est celui où la culture exige un travail hors de proportion avec le revenu.

Du reste, les inconvénients de la petite culture tendront à la faire disparaître. Dans certaines parties de la France, la division du sol est extrême; de très petits propriétaires cultivent eux-mêmes leurs champs, dont les produits leur suffisent à peine; ils ne vivent ainsi qu'en s'imposant les plus dures privations, et ce mode d'existence ne sera bientôt plus possible, car l'amour du bien-être se répand dans les campagnes et multiplie les nécessités de la vie; en même temps le prix de chaque chose augmente. Le trop petit propriétaire sera forcé de vendre son champ; il deviendra tâcheron ou fermier, et l'organisation de la propriété se reconstituera sur des bases plus avantageuses.

Telles sont les réflexions que m'a suggérées une étude impartiale de nos intérêts agricoles. Nous avons souffert jusqu'ici bien des injustices; le temps est venu ([1]) d'en demander au Gouvernement une juste réparation. Sachons le faire avec discernement; ne nous laissons pas abuser par de vains tarifs protecteurs; on s'est confié trop longtemps dans les faveurs du Gouvernement; il ne peut gratifier les uns qu'en dépouillant les autres; aussi, ne cherchons à obtenir de lui que justice. et comptons uniquement sur nos efforts : l'initiative individuelle doit être le principe de la civilisation moderne.

([1]) Enquête agricole.

Bordeaux. Impr. G. GOUNOUILHOU, rue Guiraude, 11.